不完全人体手册

as科学艺术研究中心 著

新纪元的人类

iFORCE 原力 CTS K 湖南科学技术出版社
·长沙·

图书在版编目（CIP）数据

新纪元里的人类 / as 科学艺术研究中心著 . —长沙：湖南科学技术出版社，2023.4（不完全人体手册）
ISBN 978-7-5710-1811-5

Ⅰ . ①新… Ⅱ . ① a… Ⅲ . ①人类学—普及读物 Ⅳ . ① Q98-49

中国版本图书馆 CIP 数据核字 (2022) 第 180732 号

XINJIYUAN LI DE RENLEI
新纪元里的人类
著　　者：as 科学艺术研究中心
出 版 人：潘晓山
策划编辑：孙桂均
责任编辑：王梦娜　李　蓓
营销编辑：周　洋
出版发行：湖南科学技术出版社
社　　址：长沙市芙蓉中路一段 416 号
　　　　　泊富国际金融中心
网　　址：http://www.hnstp.com
湖南科学技术出版社天猫旗舰店网址：
　　　　　http://hnkjcbs.tmall.com
邮购联系：0731-84375808
印　　刷：湖南省众鑫印务有限公司
　　　　　（印装质量问题请直接与本厂联系）
厂　　址：湖南省长沙县榔梨街道梨江大道 20 号
邮　　编：410100
版　　次：2023 年 4 月第 1 版
印　　次：2023 年 4 月第 1 次印刷
开　　本：787 mm × 1092 mm　1/24
印　　张：$5\frac{1}{6}$
字　　数：72 千字
书　　号：ISBN 978-7-5710-1811-5
定　　价：68.00 元

序言
PREFACE

新纪元里的人类

2020年初，几乎无人料想到突如其来的新型冠状病毒感染把整个人类卷入现代史上空前的全球性危机。在人们刚习惯与口罩相伴，新冠疫苗在全球普及之时，各种变异毒株又前赴后继而来，且具备更强的传染性，甚至能突破疫苗屏障。人类在寻找解药的漫漫征途中求索，病毒也未曾停下演进、迭代的步伐。随着习以为常的生活被瓦解、颠覆，“新常态”“大重构”成为媒体上的热点词，有学者戏谑地提出新纪元方法：“新冠纪元前”（beforecoronavirus，BC）和“新冠纪元后”（aftercoronavirus，AC）。在生命科学日新月异，人类妄想打破自然法则代替上帝之手设计生命的21世纪，纳米级的病毒却以它们的方式重新制定着世界的秩序，高科技加持的人类，并没有置身于一个超自然次元。

不止病毒，与日俱增的极端气候也考验着被科技藩篱守护的人类社会。2021年夏，千年一遇的郑州特大暴雨以意想不到的方式击溃了包裹着城市的科技之肤——随着大规模停电、停网，承载着一切查询、支付功能的手机也失去了用武之地。人们终于怀念起能从钱包里掏出现金的日子，依赖网络的银行却不再营业。大量新能源车因供电设施被毁而寸步难行，共享单车囿于扫不开的二维码而无法“共享”。取而代之的，是久违的“原始”生活模式——以物易物、资源分享、邻里依靠、口耳相传避开危险……从古至今，人类似乎改变了很多，又似乎从未改变。技术提高生活便利度的同时，也增加了社会系统的复杂性与脆弱性。

剥开层层作为庇护的人造系统，人始终是万物的一员，是宇宙的孩子，且是极为稚嫩的那个。组成我们身体的物质，可能已遍历亿年的动植物，带着曾经身为恒星的远古记忆，并最终会再次回归世界的某个角落。我们曾是宇宙星尘——这既是浪漫想象的寄托，也是一道编写在生命中的规限：人类可以适应、创造，但不能摆脱与万物的连结，更无法逾越自然。人类种种行为，都不可避免地在环境中引发回响，无论是回馈还是警告。

从这个角度来说，科技更本质的意义并非征服世界，而是作为一种人类认识世界的工具，帮我们在不同的尺度与维度上看待人与环境的关联。全面了解我们自身与环境的互动模式，或许能有助于更真实地理解这个世界，及看清真正的自我——犹如驻足于镜前，去端详自己的完整模样。

目录

CONTENTS

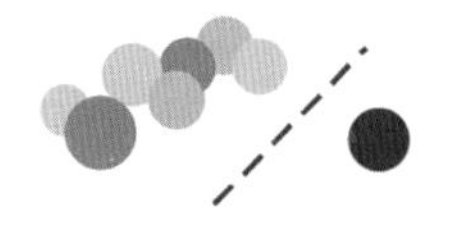

01

社会隔离将改变大脑结构

神情木讷，笑容勉强，举止局促——在1992年播出的电视剧《世界奇妙物语》中，木村拓哉演绎了一个无法融入东京大都市的乡下青年角色。长期的压抑和闭塞，致使这个青年只能躲在房间里和录放机对话，强颜欢笑的说辞被录放机魔幻般地转换成为令人绝望的现实独白。终于有一天，他再也无法背负积攒的复杂情绪，独自死在了无言、冰冷、逼仄的房间。

被摒弃于正常社交生活之外竟导致一个年轻人离奇死亡，如此情节，仅仅是文艺作品的魔幻渲染吗？不，这就是一种现实——2018年刊登在美国《细胞》上的一则研究表明，长时间的社会隔绝会使小鼠体中基因Tac2的表达增强，致使名为“神经激肽B”（NkB）的化学物质在下丘脑和杏仁核等主管社会行为与情绪的脑区中有积存，影响神经冲动的传导，从而改变动物行为，甚至“性格”。

论文作者，美国加州理工学院的教授大卫J. 安德森表示：“我们可以看到，Tac2/NkB 广泛调节了大脑多个区域,包括威胁性和反应性行为，各类情绪状态的范围。”在实验中,科学家把小鼠“与世隔绝”关了2周“禁闭”，导致小鼠发生了明显的行为改变，例如面对陌生小鼠时会增加攻击性、现持续性惊恐、对威胁性刺激变得更敏锐等。若此时对小鼠使用治疗精神分裂症和躁郁症的药物奥沙奈坦阻断 NkB 的功能，则可使小鼠恢复到正常状态。

新型冠状病毒感染的大流行带来的医学隔离，也带来了心理学和大脑研究领域的各种课题，譬如，怎样减少甚或避免隔离生活对我们行为、健康的不良影响。在特殊时期，我们依然要保持开放的心态，相信将迎来崭新的未来。

02

歧视造成血压升高

人们通常认为，语言和态度上带来的伤害局限于心理层次，有意无意的讽刺或不恰当的玩笑会引发“不开心”，而事实是，它们对身体也会产生种种负面影响。如果一个人长时间地感到疲惫、沮丧、乏力，并且食欲不稳定，可能他/她就需要仔细想一下，身边有哪些可能正对自己施加着“慢性打压”的压力源。

马里兰大学心理学教授丹妮尔·贝蒂·穆迪和她的团队跟踪研究了一个由 2 180 名美国女性组成的多元种族群体，发现那些日常遭受歧视的人在十年后普遍有着更高的血压。有过受歧视经历的女性比没有这种经历的女性收缩压平均高出两个单位，舒张压则高出一个单位;这种差异足以导致前者罹患心脏病和中风的概率增加。

难受的人会难“瘦”，这是真的。这项研究还指出，承受更多歧视的女性更容易发胖，因为食物常常是获得安慰的一个来源，不开心时就想大快朵颐，不仅你这么想，身体也这么想——重压下的人体更易囤积脂肪。

健康并非是单一问题，而是与社会环境相紧密结合的综合问题。面对不堪承受的环境压力，身体是最诚实的，它的异常变化可能就是一种求助信号。所以，在这个本来已经很令人疲惫的世界里，我们要尽可能对自己好一点、对身边的人也好一点。

03

明星对肥胖的羞耻感会影响到你吗

无论何种文化背景，名人，尤其是女明星，常常饱受容貌苛责。肥胖羞耻被称为最后一种社会“可接受”的歧视形式——作为一种流行文化现象，名人的身材和体重总被娱乐杂志和各类社交媒体紧盯，并常以戏谑的口吻报道。虽然娱乐消息的热度转瞬即逝，但这种偏见的潜在影响可能远超预期，并在很多女性脑海深处埋下恐慌之种。

麦吉尔大学的心理学家们挑选了2004—2015年20个在流行媒体上引起注意的明星“肥胖羞耻”事例，分析了女性在每次事件前两周和后两周的反肥胖态度。果不其然，女性对肥胖的羞耻感会使她们的反肥胖态度激增，而那些“臭名昭著”的“肥胖羞辱”事件会使这种羞耻感有所增长。该研究发表于2019年的《人格与社会心理学公报》。

“这些文化信息似乎增强了女性潜意识里对胖瘦的认知，即‘瘦’是好事，‘胖’是坏事。”该研究的作者之一詹妮弗·巴茨说，“媒体信息会在人们脑海中留下隐秘的痕迹。”

这种有关名人体重的负面消息在大众的病毒性传播效应之下，不由让人想起了模仿性自杀。模仿性自杀也叫作“维特效应”，指的是德国作家歌德在1774年发表畅销小说《少年维特的烦恼》后，造成极大轰动，许多读者纷纷效仿多愁善感的主人公维特自杀的社会现象。现在，信息传播途径的便捷与先进早已非歌德时代可比，但也带来了更多隐忧。舆论氛围正在塑造着人们对身体的认知。一度风靡各大网络版块的“A4腰”“反手摸肚脐”“漫画腰”之类的讨论，几乎将现代年轻人的身材焦虑推到了无以复加的地步。

99+

04

请在线捕捉一份心情传染给我

著名的社会学家、心理学家古斯塔夫·勒庞在他的传播学经典著作《乌合之众》中指出，无论动物还是人类，群体中的各种感情、情绪的相互传染拥有着如细菌一般强大的传播力。当有几只羊对环境感到惊恐时，不安的情绪很快会波及整个羊群；而当马厩里有马开始啃咬马槽时，其他马就会群起效尤；在治疗疯病的过程中，医生的发疯率也会上升；甚至，某些恐惧，例如广场恐惧症，还可以从人传染给动物。那么，这份在20世纪初对社会群体性的观察，是否同样适用于21世纪网络普及的社会？情绪可否通过虚拟信号蔓延开来？

为了衡量线上观众是否经历过情绪传染，蒂尔堡大学团队使用视频社交媒体来探索其中的关联，并将研究结果发表在《社会心理学和人格科学》上。他们寻找了拥有数百万订阅者的用户（YouTuber），研究其视频博客中的词

语及情感，并分析在线评论中的语气，发现用户（YouTuber）的情绪与受众情绪有着正向关联，具有即时或持续的效果。

我们在网络中遇到的情境会影响自身情绪，这种影响被称为“传染性”，与此同时人们也会在线上寻找与自己具有相似观点和情绪的人，这在心理学中称作“同质性”。这或许可以解释为什么汉服、cosplay（角色扮演）、蒸汽朋克、克苏鲁、土味、HIFI（高保真）、BJD娃娃（球型关节人偶）、冷兵器、电竞……数不胜数的小众文化，都在网上拥有着“同声相应、同气相求”的爱好者群体组织。

科学记者李·丹尼尔·克拉韦茨在《奇特的传染：群体情绪是怎样控制我们的》一书中表达了人们对网络媒体大规模传播特定社会事件的担忧。诸如青少年自杀一类的新闻，如果在网络上放大，就将导致更多心理状态不佳的年轻人效仿。但同时，作者也对网友间积极的情绪流动表达了肯定：如果负面情绪易于传播，那么关爱与支持同样如此；社交媒体或可成为情感治疗的一种载体。

无论人类的社交环境有怎样的改变，情绪和彼此的行为模式仍由基本的心理过程所引导。“在线传染”的现象提示我们，在网络社会中，对唾手可得的海量信息进行基本判断与分析，是一种事关生存与健康的关键能力。

05

暴力这种“传染病”该怎样防治

美国流行病学家、世界卫生组织(WHO)干预发展部门前负责人加里·斯拉金接到了一个非一般的“任务”——解决暴力“传染病”。

斯拉金首先想到的是用比较“书呆子气”的操作来分析这个难题——制作各种图表。他收集了芝加哥枪支暴力的地图和数据，在分析过程中发现，这与他认知中的疾病爆发地图惊人地相似。

一个事件会导致另一个事件，就像流感引发更多的流感一般——暴力引发更多的暴力。这种思路诞生了一种预防暴力学派观点：“公共卫生”思路。即除了由暴力导致的明显健康问题之外，暴力行为本身也是一种人际传播的流行病。如果从传染病学的视角来看，暴力在社区中的发展和疫情类似，都有病源和传染途径：一个暴力事件中的受害者，很容易变为下一次的施暴者。这不难理解——我们或多或少都遇到过“迁怒”的情形。负面情绪如得不到控制，可能会为不止一个对象带来伤害。

斯拉金由此制定了一套干预暴力的“诊断”流程：第一步，是甄别病源。他们训练社区中的一部分人成为能够追踪暴力源头并进行劝阻的介入工作者，随时对正发生的冲突或可能进行冲动行为的人进行多形式的干预。这些工作者与动怒者来自同一圈层，很可能以他们的朋友、熟人身份存在，易于获取信任。第二步则是防止扩散，找到更多可能与事件相牵连的人及同一圈层的人，同样对他们进行帮助。第三步类似于为大众“注射疫苗”，进行社区的重建和公共教育，树立积极健康的社会规范，让人们整体对暴力倾向产生一定“免疫力”。

最早的实验试点选在了芝加哥的西加菲尔德社区，实施第一年，该区域凶杀案下降了67%。随着更多资金支持到来，实验开始在各社区及城市复制，最终成为国际项目。更可喜的是，一些暴力行为的当事人经过有效干预，也成为了反暴力工作者。斯拉金说，他们在传播中会避免使用诸如“罪犯”“暴徒”之类的形容，而是用更积极的概念来取代。

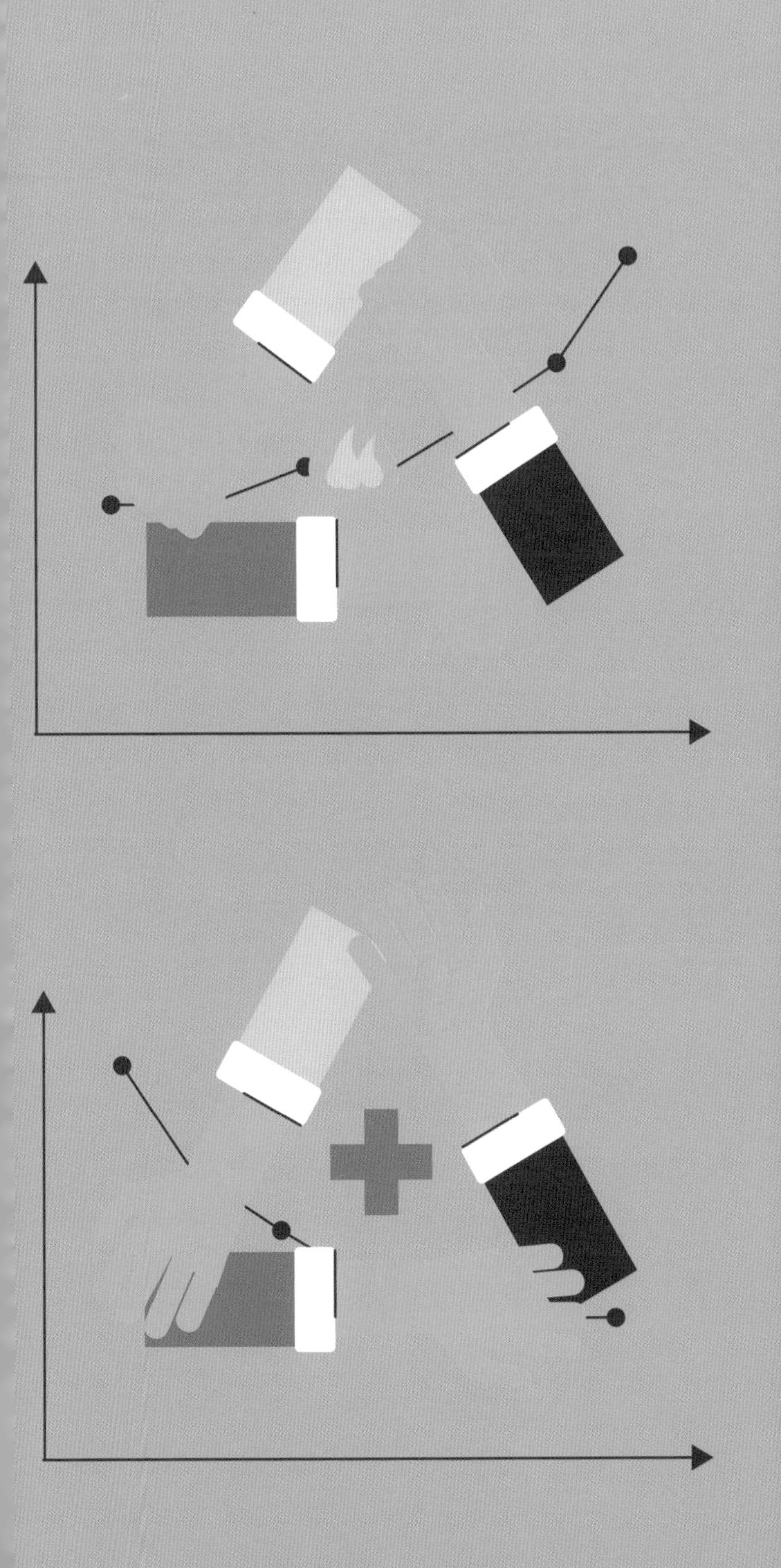

暴力作为一种“病”，并不是最难治疗的。为防控艾滋病对人们进行的性行为教育，在开展当中很可能比为防止暴力事件进行的行为规制还要难。毕竟，“人们很可能难以改变自己的性行为，但暴力行为实际上是他们本就不想拥有的”。

06

原来不是每个人都有“内心独白”

“原来有些人会在心中跟自己说话，有些人不会，而且他们都不知道还有对方的存在。前者说出来的话就跟自己在内心听到的那个声音一致，而后者用抽象的非语言方式思考，如果要说出来，还须自己再翻译一番。”

2020年初，推主凯尔的这条热门推特让网友们“炸锅”了。大家纷纷表示自己的震惊：“等等，这是真的吗？真的有人不用忍受脑子里无休止的声音？”“我和我的内心独白都表示——完全无法理解。”“不会吧，脑中有讲话声？听起来就很可怕啊！”

神经医学专业的实习医生莱恩·朗顿也被这条推特吓到了，因为他无法想象有人不能自己跟自己讲话。他对身边的人做了个调查，反馈是大约有16%从来听不到自己的声音。他们或以画面来思考，或者脑子里就像提词器一样

ON
OFF

蹦文字。这部分人看到电影里主人公的想法以旁白的方式说出来都觉得像是精神分裂。受到极大震撼的朗顿截取自己与朋友的对话写了博客，同样成为了网络热门讨论。

无论你是哪种类型，都不奇怪，因为“脑中语音”只是思考的一种形式。基于对儿童自语现象的研究，有观点表示这可能有助于人的反思与认知能力的发展。不过，成人的内省体验本就难以被探测与量化，为研究带来种种阻碍。但近年也有一些突破，内华达大学拉斯维加斯分校的心理学教授拉塞尔·赫伯特与其同事采用描述性体验抽样方法来捕捉人们的自语体验。实验对象先要学习如何分辨真实的“内心独白”——通常和自己的语音一致，是主动性的，带有音量和情感。实验中，携带的寻呼机一旦发出随机信号，他们就要赶快记录下自己在此之前发生的心理活动。结果显示，平均下来，记录到的心理活动有 23% 是出现了内在语音的。

内在语音的产生机制很可能与大脑一种称为“伴随放电”的现象有关。通俗来讲，这种信号有点像大脑对动作的事先预演，或是有意制造出的“副本”，这使我们不会被自己突然说出的话“吓一跳”，也不会不小心戳到自己的“痒痒肉”。它能帮助我们区分来自内部的感官体验和来自外部的刺激，也在我们的听觉系统处理语言的过程中起作用，内在语音中的听觉内容便是由“伴随放电”所提供。

你能听到自己内心独白的声音吗？你觉得它对你究竟是有效的提醒，还是打扰呢？在这媒体盛行、信息纷扰的世界，我们也许还恰恰需要这些“内在语音”警示自己对某件事最原始的判断。多多倾听自己的内心，无论那些思绪化为语句、文字、还是图像，也许最真实的自我就潜藏其中。

07

倾斜45度，社交前进一大步

在自拍界，有一个不成文的规矩，就是把左脸交给镜头，因为似乎大多数人都觉得自己的左脸更好看。但有趣的是，科学研究发现，社交当中，你的右半边才是更重要的一侧——人类以及很多其他动物都会不自觉地使用左眼来观察表情和情绪，目光就更容易落在对方右脸上。

这是因为左眼是由掌控情感、直觉、图像判断的右脑来控制的，对于情绪的接收和处理更为准确；另外，脸部右侧也被认为会更加忠实地表达我们的情绪。这种现象叫作“左眼凝视偏差”。

所以在与人交谈的时候，我们应该怎么做？加州大学圣克鲁兹分校心理学助理教授尼古拉斯·达维登科领导的团队发现，适当倾斜面部，就更容易让人的注意力集中在整张脸上，

而且会增加眼神交流的机会。当双方都习惯性地用左眼凝视对方的右脸时，视觉聚焦的重点刚好是错开的，这时候歪歪头则会打破这种状况，让眼睛有更多的对视，并可能使彼此显得更容易接近，不那么具有威胁性。他们的结论是，“当头部旋转 45 度时，效果最好”。

对于自闭症患者来说，这个发现可能非常有意义，或许可以被考虑引入治疗当中。在面对面沟通中，如果能用歪歪头的方式增加眼神接触频率，将有助于让他们获得更有效、舒适的社交互动。

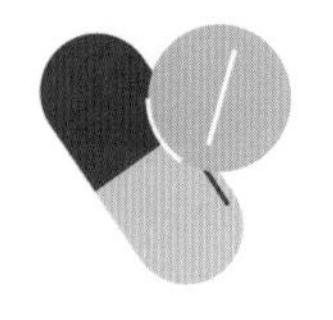

08

开一剂艺术良方

尼采将艺术家称为“患病动物”。的确，很多传奇人物饱受精神疾病的折磨，却在艺术的殿堂大放异彩：后印象派画家梵高、表现主义画家爱德华·蒙克、音乐家舒曼、小说家太宰治、当代艺术家草间弥生……

奥克兰大学心理学院认知神经科学研究小组研究发现，创造力与精神分裂型人格特质之间存在联系，在精神分裂症测评中得分高的人也表现出更高水平的创造性行为。似乎艺术创作某种程度上受精神问题的影响，这也使得艺术和医疗的关系变得微妙。

艺术既可能是精神疾病的产物，却也可能是治愈病痛的“良药”。加拿大的一项新规允许医生为他们的病人开具“艺术处方”——让病人免费进入当地美术博物馆游览。根据这个政策，加拿大法语国家医生协会（MFdC）的成员能够为其患者开具多达50个艺术品处方，适用于患有各种精神和身体疾病的人。每个处方通行证将允许两名成人和两名未成年人免费参观当地的博物馆。

也有艺术家将艺术本身视作治疗，比如日本国宝级艺术家草间弥生。草间弥生的童年有很多缺失，这一定程度上导致了她常年遭受精神疾病的困扰。艺术是她与世界沟通的途径，也是一种治愈创伤的方式。20世纪60年代她创作了一系列象征阳具形状的软雕塑，并不是因为激进，而是因为恐惧。她在自传里曾经说道："只要一想到像阳具这样长而丑陋的东西进入我的身体，我就会感到惧怕以致躲进壁橱发抖。我拼命制造这些形状，将自己置于恐慌的核心，并把恐慌变为熟悉，以此疗愈自己。"

通过对临床艺术疗法的评估可以得出结论，视觉艺术可以促进某些神经激素的释放，对诸多负面情绪，例如压抑、狂躁、焦虑、痛苦等方面都能带来显著的正面影响。制作或观赏艺术能促进生成新的神经通路，改善大脑的功能。欣赏艺术时，人体内皮质醇和血清素的分泌会增加，效果类似于运动，或能成为年老或体弱者代替运动的一种方式。除此之外，艺术对人的精神健康也有很多益处，且不用担心副作用。

艺术对健康的影响正在受到医学界、艺术界以及公共健康部门的重视。艺术不仅对人们的精神产生诸多益处，辅助心理疾病的治疗，也能预防其他疾病，维持人体健康水平，甚至辅助慢性疾病的治疗。从公共卫生角度来看，更多的艺术参与也有利于全民健康。

“致病”还是“治病”，艺术或许也是门玄学吧。

09

想要提升创造力和同理心？来点迷幻蘑菇

迷幻剂，一个充满神秘色彩的名字，被定义成许多模样，流传为各种故事。在巫术仪式中，它是精神疗愈的神圣之物；在法律中，它可能是明令禁止的成瘾性药品；在医疗试验中，它又是辅助治疗抑郁的药物。有人对它讳莫如深，如毒品般忌惮；有人得它如获至宝，开启崭新生活。究竟是何原因，让我们对这些化合物有如此之多的不同理解，在这一领域中探索的车轮走走停停？

20 世纪 60 年代后期，致幻剂的滥用总会让大众联想到学生暴乱和反战运动。它所具有的“改变意识”的作用逐渐被注意。媒体宣称一款名为 LSD 的致幻剂存在诸多风险，例如：胎儿畸形、精神病发作、犯罪率升高。很快，它作为潜在新兴药物的申请被驳回，并被列为非法药品，遭受严格管控。

不过，经过了 40 多年的沉浮，致幻剂逐渐在心理学和医学领域找到了用武之地，尤其具有潜力的是用于抑郁症的治疗。

来自马斯特里赫特大学的团队曾招募了 55 名荷兰迷幻学会休养所的会员，参与一项实验。通过观察和测试他们发现，迷幻蘑菇中的活性成分裸盖菇素（psilocybin）可以提升服用者 7 天内的创造力、同理心和幸福感。报告发表在《精神药物期刊》上。尽管该研究仍存在一些局限性，但越来越多的证据表明，裸盖菇素在压力相关的精神疾病治疗过程中体现出了价值：同理心的提升可以增强患者和治疗师之间的开放性和信任感，从而提高治疗效率。创造力和同理心使我们能够适应瞬息万变的环境，激发亲社会行为。

当裸盖菇碱进入人体后，会被转换为致幻剂的活性化合物——二甲-4-羟色胺，继而刺激神经元上的 5-羟色胺受体，导致一系列后续活动。5-羟色胺通常被认为是情绪调节器，对人的幸福感知有着关键作用。但是这还不能解释脑内致幻体验的形成机制，也不能说明为什么致幻剂在离开人体后，仍能长时间地持续作用。

2020年，阿兰·K·戴维斯等人对24名重度抑郁症患者进行了随机临床试验，结果显示：裸盖菇素辅助疗法为重度抑郁患者提供了有效、快速且持续的抗抑郁作用。我们知道，众多精神药物都需要长期服用，在人体中积累到一定的量，才能产生效果。与此相反，致幻剂在药效消失、体内不存在的情况下仍能让人体验到其所引起的幻觉，若能成功用于治疗，定是难能可贵的突破。

也许在未来，昔日令人谈之色变的“迷幻剂”会转变身份，在现代临床医学的检验下跻身规范化的特效药成分表。

10

老年迪斯科使阿姨叔叔更长寿

还觉得健身操太激烈，只有年轻人能跳？长辈们的身体可能比你的还要好。在深圳的莲花山公园里，日本阿姨小林雪琳就用独创的有氧健身舞引领了公园广场舞新风潮。她的编舞结合了印度舞和非洲手鼓，并涵盖锻炼腰部、肩部、脊椎的动作。在她的带领下，阿姨叔叔们在激昂节拍中神采飞扬地舞动，焕发别样风姿，引得年轻人也纷纷加入。

目前，人口老龄化是全世界面临的一大问题，老年群体的休闲娱乐也变得多种多样。中国的广场舞风潮约 2000 年前后逐渐兴起，主要由老年女性群体引领。老年广场舞除了其丰富的社会、文化功能外，竟然还有科学研究证明它是最能预防老年人失能的运动。

东京都老人综合研究所的团队发表在《斯堪的纳维亚体育医学与科学》的论文，是首个关注老年人运动方式与失能风险关系的前瞻性研究。他们对不同类型的老年人运动项目进行了调查，从中发现哪些运动可使老年人保持生活自理能力。

研究者对年龄在70-84岁间的1003名老年女性进行调研，试图发现16项运动与失能风险间的关系。结果表明，舞蹈对降低老年人失能风险的效果最为突出，降幅高达73%。研究人员指出：舞蹈可以增强身体力量、调动平衡力、耐力以及认知力。这些方面的锻炼对老年人生活独立性的提高有着显著作用。

小林雪琳曾在采访中说，她刚来中国定居时就被跳舞的人群吸引了，但觉得“节奏不够快”，于是自创了更具动感的新式广场舞，不仅聚集了许多舞者，还交到很多朋友。看来，为了年老时能与大家打成一片，舞步一定要从小练习好。

11

那些可恶又迷人的反派角色，其实就是你自己

2020 年《心理科学》上刊登的一项研究表明，艺术作品中虚构的反派人物形象若与受众有越多相似之处，就越容易赢得他们的喜爱。比如狡猾的人可能会喜欢小丑，而野心较大的人可能会更喜欢伏地魔。

长期以来，学者们都认为，人们会因为意图维护自身形象而排斥那些与自己有相似特征的负面人物。但也有人指出，当反派人物处在作品虚构的情景时，可使人接收这种不适感，甚至会改变这种想法。

为了验证这一观点，美国西北大学的博士研究生瑞贝卡 · 克劳斯等人分析了来自以虚构角色为主导的在线娱乐平台 Charac Tour 上约 232 500 名注册用户的数据。

该娱乐平台对用户进行性格测试，检测他们与不同虚拟角色的相似度。这些角色会被标签为反派和非反派。反派角色包括来自《星球大战》里的黑暗武士维达、《沉睡魔咒》里的魔女玛琳菲森、《蝙蝠侠》和《小丑》里的小丑杰克；非反派包括福尔摩斯、《老友记》里的乔伊、《星球大战》里的尤达大师。

这些匿名数据允许研究人员分析参加测试的人是否被小说或电影中的相似反派所吸引。结果发现，随着相似度增加，他们的确会被正面角色吸引，但用户最喜欢的，还是和自己有相似之处的反面角色。

克劳斯解释说，造成这种现象可能是因为：虚构故事如同建立了一个隔绝现实的安全区，让人们在不自损形象的同时表达对反面人物的认同。不再因和他们有相似之处而感到不安，反而更认可他们的魅力。也许这提供了一种人类认识和接受人格中阴暗面的方式，而又不会使人质疑自己是否是一个好人。

但就目前的数据而言，并不能确定反面角色的哪些行为或特征对参与者有吸引力，还需要进一步的研究才能明确这种心理影响。

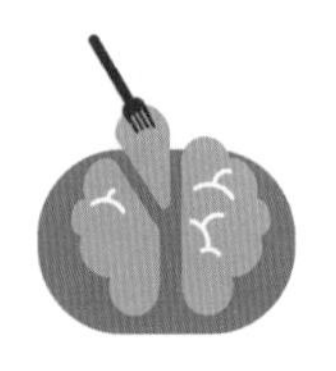

12

别让手机“分食”了宝贵的注意力

总觉得忙起来时间就不够用？根据哈佛大学的一项研究，普通人无法完全集中精力的时间占比为47%，因此，在做一件事情时，有将近一半的时间，你在分神。在现代社会，“心猿意马”更是常事——网络带来的实时信息轰炸以及与生活融为一体的办公环境给人们带来无数干扰。尤其是2020年新型冠状病毒肺炎疫情爆发后，人们选择居家办公的比例从2020年2月的8.2%增至2020年5月的35.2%。

在这种背景下，注意力可能登顶为当代最稀缺资源，“多任务处理”似乎成为新的时髦能力。但科学家们要给我们泼一盆冷水——研究显示，大脑很难进行真正意义上的“多任务处理”，而是快速地从单一任务切换到另单一任务，思绪就在这种跳跃式的切换之间被打断。如果强行一心多用，人的短期记忆可能会受到影响，让记忆效果变差；还会增加大脑皮

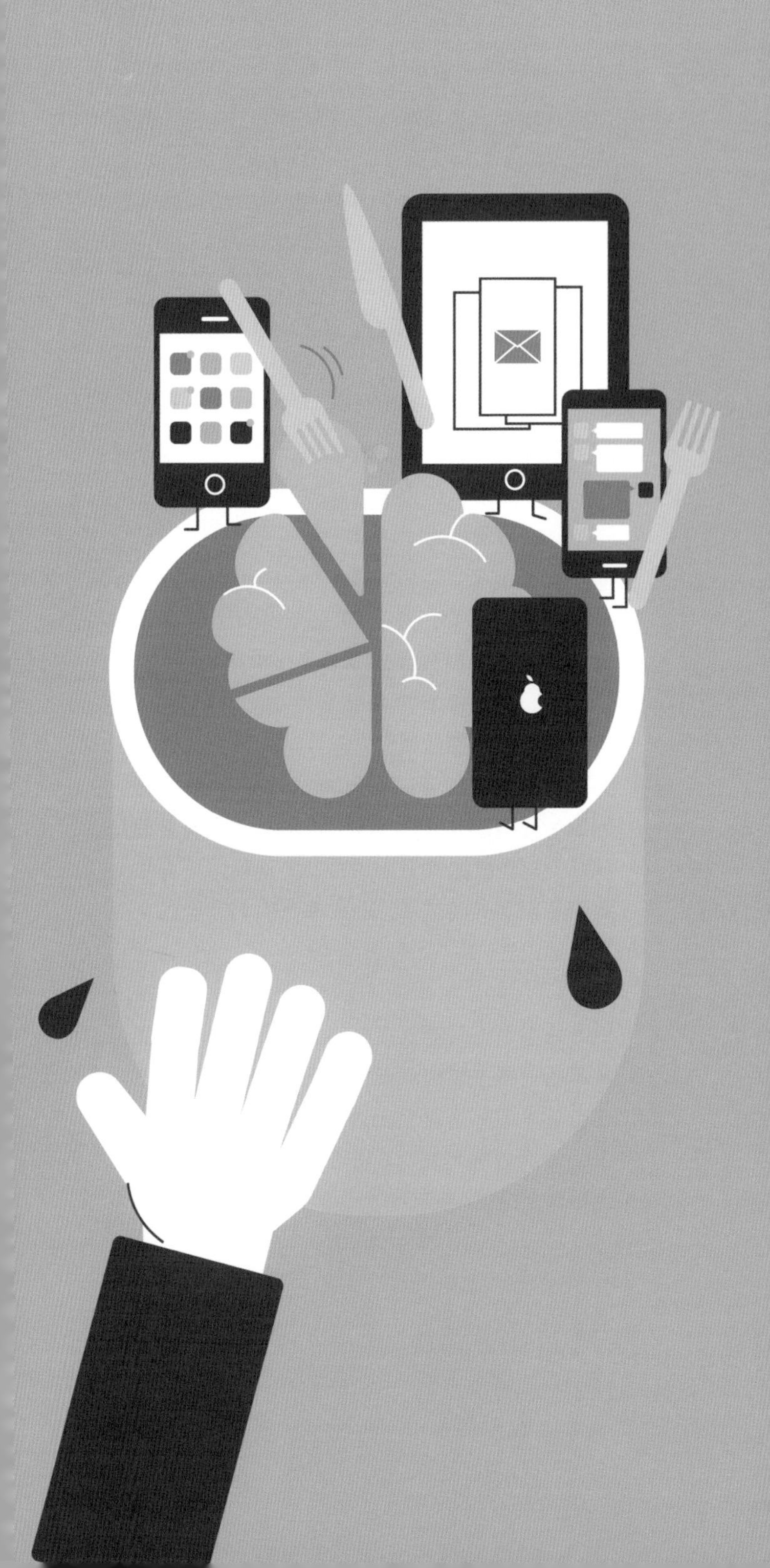

质醇的产生，从而进一步导致压力感上升。越来越忙，越来越焦虑，事情却越来越难以完成，这种恶性循环或已成为现代都市生活的真实写照。

如何打破这一困境呢？最好的办法，或许还是正视大脑的能力边界：踏踏实实完成一件事，再做下一件。科学家提示，专注力可以被训练和提高，一个关键方法是：暂时远离电子产品，或是带来压力感的媒体源，让大脑记住不被打扰的感觉。

布朗大学正念中心研究与创新主管贾德森·布鲁尔建议每个人都可以做一项比较实验：打开手机的所有铃声和通知声20分钟，然后问自己："我能做到多大程度的专注？感觉怎么样？"关闭所有通知声20分钟，问同样的问题。"将两者进行比较，大脑将做出明显的选择——集中注意力会更好，"他说，"如果我们意识到专注是有益的，那么我们就会强化相关的记忆。"

放下手机，听上去的确有点难，但如果能从不断训练中尝到甜头，想刷个不停的手说不定也就没那么迫切了。错过几条新闻、几条动态，天不会塌下来。不妨给自己留点时间，给大脑留个白吧。

13

睡吧年轻人，梦里有你未来的爱情

我们一生约有三分之一的时间在睡眠中度过。刚脱离母体的婴儿所需睡眠尤其长，一天约有三分之二的时间都沉浸在梦乡。别小看睡眠对青少年的作用，若是睡不够，长大后很有可能成为“丧丧的”成年人。

在心理学层面，弗洛伊德认为梦的本质是潜意识的表达，通过梦进行精神分析，能瞥见人心底最深处潜藏的欲望。虽然人们常认为“一夜无梦”就是睡了个好觉，但大多数情况下人都会做梦，这通常发生在快速眼动睡眠期。这种与慢波睡眠周期性交替出现的睡眠阶段呈现出类似于清醒状态的脑电图。

梦来源于真实生活、想象还是潜意识？这个问题的答案尚未明晰，但支撑梦境的快速眼动睡眠期被证明对人的精神塑造有着至关重要的意义。

AM

有研究者对幼年草原田鼠进行了为期一周的“生命早期睡眠中断 (ELSD)”实验，发现幼时缺乏快速眼动睡眠时间的成体，在社会行为方面产生了难以逆转的变化。草原田鼠原本是一种高度社会化的啮齿类动物，对新事物有着强烈的探索欲望，并会形成终生的单一配偶关系。但实验发现，幼年时缺乏快速眼动睡眠的田鼠，成年后对新事物的偏好以及对异性动物的接触倾向都显著降低，整体亲密行为减少。既不主动探索，还抵触社交，仿佛就是当代“丧”文化笼罩下的年轻人写照。

研究人员尝试着用“快速眼动睡眠的个体发育假说”解释这样的结果：快速眼动睡眠时间可能内源性地激活与社会联系相关的神经环路，该阶段时间的缩短可能会减少发育过程中神经回路的内源性强化，进而影响特定的社会行为。如果干扰年轻人的快速眼动睡眠，可能会影响大脑复杂行为的发展、阻碍特定社交行为的建成；长期剥夺成年人的快速眼动睡眠，可能会引起严重的认知障碍。

所以，当代年轻人如果对人类的情感生活还有着期许，就应该多多睡觉做梦，梦里有比诺兰导演镜头下更光怪陆离的空间，还有你不可预知的未来。

14

东西丢了？想想眼睛看不到的特征

如果你要在杂乱的房间里快速找到一件东西，比如一副耳机，通常会怎么做？多数人可能首先在脑中构筑耳机的外观以及它上一次出现的场景可能是哪里。我们通常认为，物品的颜色、大小和形状等视觉属性是最关键的寻物线索，但科学证明，对物体的物理“直觉”也在幕后持续帮助人们搜索，甚至无需用眼去看。

2020 年发表在《实验心理学期刊：综述》的一篇文章中，约翰·霍普金斯大学动态感知实验室的李国（音译）、杰森·费舍尔等人探讨了一个人对物体物理特性和动力学的了解如何影响与环境的日常互动。简单来说，就是当众多令人眼花缭乱的物体充斥双眼时，人们如何利用物理特性找到他们需要的物品。

他们设计了一项测试，参与者需要在混乱中找到一些日常物品，这些物体的硬度并不相同。团队发现，即使没有人报告说要找的东西与硬度有关，他们仍然自发地使用这种特性来更快地区分，找寻速度也因此提升 20%。而且搜索的项目越多，通过硬度识别它们的帮助就越大。

举例来说，人们通过生活经验会知道鸡蛋轻而易碎，罐头重而结实，所以它们符合日常逻辑的放置顺序是前者在上面，后者在下面。这种寻找时的倾向性甚至在参与者仅仅看到线条画时也存在，当研究小组用眼动装置跟踪参与者的搜索目光时，发现人们会缩短观看软硬度不合适的物品图像时间。

因为该领域之前的研究几乎都集中在可以促进搜索效率的物体视觉特性上，所以这一方向相当于另辟蹊径，充分说明了其实对物体的“内在了解”与我们的视觉信息一样重要。不止硬度，重量和滑爽度等属性都是可以用来做判断的依据。事实上，我们对世界的认知从来就不是依靠单一通道：人从婴儿时期就会开始建立对世界的物理感知，对物体的不同状态做出预判。人的心理直觉物理引擎就像忠实的幕后工作者，始终引导我们与环境的交互方式以及注意力的分配，让我们全方位地接收着世界的信息。

15
马拉松这“病”，得了有几百万年了

席勒和斯宾塞等人是“审美过剩精力发泄论”的代表人物，他们认为艺术的前身是游戏，是发泄过剩的精力而产生的冲动性活动，继而带来了审美快感。或许，人类身上无处安放的过剩精力，并不是“闲而余力”，而是从基因层面上就注定了的，运动也是如此。

加州大学圣迭戈分校的科学家们发现，人体内几乎每个细胞都携带着一种基因突变，可能有助于优化肌肉用于长距离运动。这是人类热衷于长跑的原因之一。在跋涉狩猎的远古，这种基因增加了祖先们活下去的概率，然而到了现代社会，无猎可狩，我们就只能靠没完没了的马拉松比赛来排解了。

大约两三百万年前，在我们的祖先身上发生了显性缺失突变，导致人类失去了一种唾液酸：Neu5Gc。唾液酸主要存在于细胞膜表

面的糖蛋白和糖脂中，负责细胞膜的选择透过和细胞膜电活动等功能。由于外显子缺失，Neu5Ac羟化酶无法正常编码，从而无法转化成Neu5Gc。结果就是，与包括黑猩猩在内的大部分哺乳动物相比，人体内只能生成一种唾液酸，而非两种。研究显示，改变细胞表面的唾液酸会影响氧气输入到体内肌肉细胞的方式，在对比实验中，产生这种突变的小鼠可以跑得更远更快。

但这突变的“礼物”真的没有任何代价吗？同样有研究发现，人类自体不能产生Neu5Gc会增加心血管问题风险。摄入含Neu5Gc较多的食物（如人们常说的红肉）会引起免疫系统进入排除异己的状态，提升炎症水平，升高患动脉粥样硬化等疾病的风险，其他不具备本突变的灵长类动物则没有此问题。这样看来，这种突变最终留给我们的似乎是个“组合套餐”：控制饮食，并多进行长距离运动。

基因突变在某些演化阶段得以保留或因为具备一些潜在的生存益处，但现代人的生活状态也与古时不可同日而语，需用发展的眼光看待突变的影响。在可预见的未来人类仍会在演化长河中继续改变。在未可知的自然选择中，哪些性状将被“篡改”，又有哪段遗传密码将永久陷入“沉默”，我们大可放肆想象。

16
原始部落给你示范，怎样“躺”才更健康

来自南加州大学的人类学家大卫·雷启伦团队提出了一个叫作“不活动错配假说”的新猜想，试图去解释一个奇怪的矛盾点：在食物供给十分有限的早期，人类倾向于通过休息来保存能量；但现在，这种静止状态实际上伤害了我们的健康。

他们于2020年3月9日发表在《美国国家科学院院刊》上的研究，将目光聚焦在东非坦桑尼亚的哈扎族身上。这个部落被戏称为世界上最“懒”的部落：19世纪末，英国人曾赠予他们粮食种子用于种植，并试图帮助他们过上现代化的生活，而他们竟然将这些种子全部吃掉了。哈扎族是地球上最后一批保持着源于旧石器时代的狩猎—采集生活方式的族群，至今仍不愿耕种，仅仅依靠狩猎生存。

研究人员在28名平均年龄在30岁的哈扎族男性和女性的大腿上安装了加速计监测器，测量他们清醒时花在休息姿势上的时间，并观察他们活动和不活动时的状态差异。

与现代工业化人口一样，哈扎族人几乎每天有10小时都在放松的非直立姿势中度过，但他们的休息方式与我们在沙发上的“葛优躺”姿势大不相同——多数时间直接坐在地上，或蹲着，或跪着。这看起来只是一个微小的差别，但由于在做轻度肌肉活动时需要能量支持，意味着会燃烧脂肪，长期的蹲姿和跪姿便不如坐在椅子上静止对身体伤害那么大。

也有证据表明，旧石器时代的人群经常使用更活跃的静止姿势，这种姿势让他们在休息之余也维持着肌肉活动。如今，迅猛的社会发展改变了人类的生存空间，人们处于过于安逸的休息环境中，肌肉长时间不活动，不知不觉就损害了现代人的身体。

所以，待着不是问题，但待在沙发和椅子上才是问题。

17

明天不想上学？几百年后可能更不想

一个博士学位往往需要长达十年的高等教育经历，可即便经历漫长的博士生涯，大多数人也未必能成为埃隆·马斯克。是否选择接受更长时间的教育，并不影响你改变世界的潜能，但你做出的选择，或许正潜移默化地改变着人类基因库。

来自冰岛遗传公司 deCODE 的科研人员获取了超过 129 808 名当地土著居民的基因组数据。通过分析比较他们的遗传数据和教育程度，尝试找出那些倾向获取更长时间教育的遗传标记。并利用相关遗传基因构建权重评分体系，以评价倾向接受更长时间教育的遗传标记。

结果显示，在过去的 80 年间，整个群体的评分在缓慢地下降。这意味着那些推动人们接受更长时间教育的基因，正在逐渐淡出人类的基因库。与此同时，研究人员也发现，教育

成就越高的人群，拥有多个子女的可能性也相应更低，即便除却社会环境、理念等因素的影响，对于同等教育层次的被试者而言，相关基因携带者拥有的子女数也更少——这更降低了这些基因被遗传和继承的可能性。

那么，这样的演化选择是否意味着人类正不可避免地走向愚昧？对这一担忧，研究人员持保留态度。教育时长似乎是这个研究关注的重点，但人类社会的发展使得教育质量、教育方式、教育覆盖面都发生着积极的改变。正如著名教育家保罗·朗格朗所倡导的“终身教育”一般，这样的趋势将会改变教育在人们生活方式中所属的位置，或能弥补“聪明”基因流失对人类群体带来的影响。

18

恶心的科学分类

从蠕动的虫子到被人恶搞成蓝色的可乐鸡翅，令人不适的东西似乎有一些共性：不正常的色泽、黏糊糊的触感、令人窒息的气味……光是想象一下，都会即刻触发大脑中的“恶心”开关。这种微妙而神秘的反应好像是一种“人类通用”情绪，disgust 一词自 18 世纪中叶首次出现后，迅速在大众间被传播并接受。觉得恶心没关系，这可能是身体为了保护我们而进入“警备状态”的一种方式。

来自伦敦的一群科学家正针对与规避疾病相关的厌恶感展开社会调查，过程颇具挑战性——2 500 多人需对堪称“恶心大全”的 75 个场景进行评价。最终的调查结果将厌恶感的来源总结为以下 6 种：不洁物体或行为、可能具备致病性的动物 / 昆虫、危险的性行为、非常规的外观、身体病变的迹象，及或有变质趋势的食物。显然，“会让人恶心的东西”与“易

于引起感染的源头”存在显著交叉。

科学家解释说，与疾病相关的恶心感类似于“行为上的免疫系统”，像是一种演化而来的直觉，能够快速帮助人们远离那些可能带来危险的病原体。而一些动物也有相类似的行为。人类复杂的厌恶感除了带有生理“出厂预设”，也与社会中的后天习得相关，在演化方面有着多角度的积极意义。除了引导机体趋利避害，躲避疾病与风险外，在社会语境下与个体的羞耻感、责任心等情绪关联，能够促使人们在非强迫的情况下维护社会秩序，利于整个群体的积极发展。性方面的厌恶还会帮人规避不良生殖带来的后果（比如近亲结婚）。

厌恶感一般在大约两岁时伴随着自我意识的发展而出现，在三四十岁的时候达到顶峰，随后开始下降，这也被猜测与社会环境和演化历史有关。女性怀孕期间的孕吐现象也被推测是一种自我保护机制，因为此时的免疫系统会适当降调以防对胎儿产生排异，而厌恶感阈值的提高或能弥补免疫力的缺失（防止身体吃下任何可能有害的食物）。

历史中，厌恶感的解读众说纷纭：达尔文将其归因于演化，弗洛伊德将其与生殖器反感相关联，保罗·罗辛则认为这是人类对任何“提醒我们自己是动物”的事物的本能排斥……

无论厌恶感来源于何方，它都是每个人体内一道有力的直觉防线，是身体“每一个毛孔都在抗拒”的本能体验，提醒着我们“有些事情不对劲”。

19

爱我智慧，不如爱我美丽

身为“颜控”，好看的皮囊才是万里挑一，情人眼里出西施才是爱情的萌芽。尽管有趣的灵魂们不免要对此吐槽一句“肤浅”，但挡不住科学研究为“颜控”正名。

加州大学的一个研究小组招募了 203 对亚裔被试，评估了他们对于伴侣的看法以及亲密关系的质量，涵盖了 5 个属性类型下的性格、信赖度、责任心、智力、自信心、外在吸引力、财富以及社会地位等 18 项指标。结果表明，只有对伴侣外在吸引力方面的理想化倾向与亲密关系质量呈正相关，其他方面的理想化指标对亲密关系质量并无显著影响。虽然对于伴侣外表的理想化并不等同于客观的外在吸引力水平，但恋爱中的“颜控”属性，确实能使感情更加甜蜜和稳定。

2018
囍
2020
2022

不仅如此，研究还表明被伴侣理想化的大脑属性与亲密关系质量呈现出负相关。也就是说，在伴侣心中的你具有越高的智力和越强的学术能力，你们之间的关系反而越令人担忧。由此看来，恋爱中的人常常被认为智商会急剧下降，也是对爱情的一种保护吧。

20
全球变暖，我们却比以前更冷了？

1851 年，德国医生伍德里奇测量了莱比锡 2.5 万名受试者的腋下温度，取这些温度的平均值后，建立了人体正常体温标准——37℃（摄氏度）/98.6 ℉（华氏度），被沿用至今。但美国斯坦福大学医学研究员朱莉·帕森奈特等人在 2020 年 1 月 7 日在线期刊《eLife》上发表的文章称，我们的体温比起那个时候已经有所下降。

他们查阅了近 2.4 万名美国内战后联邦军队退伍军人的医疗记录，将这些数据与 20 世纪 70 年代早期国家健康和营养调查中约 1.5 万份体温记录和 21 世纪初斯坦福临床数据平台约 1.5 万份体温记录进行对比。

结果显示，人类平均体温发生了显著的下滑趋势。以 21 世纪出生的当代男性为例，他们的平均体温比 19 世纪早期出生的男性要低

0.59℃，这意味着男性的平均体温每十年会下降 0.03℃。而女性的平均体温变化也是日趋降低，只是降幅更小，自 19 世纪 90 年代至今共下降 0.32℃。

究其原因，可能是由卫生条件变化所导致：伍德里奇处于一个生存条件较差的时代：当时人的平均寿命仅为 38 岁，且很大比例的人口受结核病、梅毒和牙周炎等慢性病的困扰。由于炎症会引起体温升高，所以这些病症很可能影响了那个时代人们的“正常”体温。如今的社会无论是生活条件、医学水平，还是人类的代谢活动质量和寿命长度，都有了明显的提升。我们不再经常因为突如其来的未知病症而发热，体温也就不像以前那么高了。

21

脑子进雾霾比进水更可怕

清晨，推开窗户，云缭雾绕的朦胧景象可能会让人产生误入仙境的错觉。而手机上的雾霾黄色预警总是将我们一秒拉回现实——这又是一个要“腾云驾雾”去上班的早上，别忘了戴上口罩。

随着城市化、工业化进程地不断加快，空气污染成为社会面临的重大问题。1952 年冬天，伦敦爆发的严重雾霾，在短短 4 天导致 4 000 人死亡，而且 10 万人因此患上了呼吸道疾病。多年后的墨西哥和日本，灾难重现。弥漫的烟雾持久不散，部分哮喘患者因无法继续承受痛苦而自杀。世界卫生组织的数据表明，全球 90%以上的人口忍受着有毒的室外空气。空气污染问题每年在世界范围内可造成约 880 万人过早死亡。

《美国科学院院报》在 2018 年刊登的一项研究中，来自北京师范大学、耶鲁大学、北京大学的科学家们共同完成了空气污染和人类认知功能的相关性研究。结果显示，空气质量下降会对人认知能力产生负面影响。若 3 年内空气中的污染物每增加 1 毫克，对大脑产生的负面作用相当于 " 失去一个多月的受教育经历”。

这种不可逆转的危害还体现在语言能力的改变上，并且随着年龄增长，影响会增强，特别是文化程度较低的男性，因为他们较多从事室外作业，接触污染空气的机会可能更多。人的认知功能受损后，会增加罹患阿尔茨海默病等神经退行性疾病的风险。鉴于人们常需要在老年做出很多关键经济决策，比如退休的时间，医疗保险的购买等，空气污染引起的认知能力下降可能会影响到决策质量，因此最终带来的是健康和经济上的双重损失。

俄亥俄州立大学神经科学教授兰迪 · 尼尔森博士与他的博士生劳拉 · 弗肯及同事一起通过小鼠实验探究空气污染对大脑的影响。他们以 5 次 / 周、8 小时 / 天的频次，将小鼠暴露在高浓度的细颗粒空气污染中，来模拟人类生活在郊区通勤时可能受到污染的暴露情况。10 个月后，他们发现因被迫“通勤”而暴露在污染空气中的小鼠比对照组小鼠要花费更长时间

IQ

来学习迷宫任务，并且会犯更多的错误。

将暴露在肮脏空气中的小鼠大脑和正常小鼠大脑进行比较，研究者们发现了更多惊人的差异。暴露在颗粒物中空气的小鼠，脑内的促炎细胞因子水平升高，表明存在炎症，而大脑的炎症水平与阿尔茨海默症等神经性退行疾病有着密切相关性。更令人吃惊的是，它们脑内负责记忆的海马体神经元之间的联结也更少，而这是建立认知能力的关键。看来，雾霾真的有可能成为“精神污染”。

现在，全世界对于空气污染的治理也越来越重视。毕竟治理雾霾保护的不仅是环境，还有我们的智商。

22

空气污染使生育难度增加

不孕症正困扰着数以百万计的夫妇。让很多备孕夫妇没想到的是，空气污染竟然也是阻碍怀孕的一大敌人。我们知道空气污染会威胁个体健康，但同样不可小视的是，空气污染物也可成为内分泌的干扰物，促进氧化应激并发挥遗传毒性作用。这可能增加生殖方面的风险，导致早产或新生儿体重降低。吸入污染空气中的二氧化氮与吸烟一样会提高流产的风险。甚至在胎盘里也能发现污染颗粒。

从 2001 年至 2011 年，美国加利福尼亚州陆续关闭了 8 个煤炭和石油发电厂。之后，此区域内的生育率奇迹般地上升了。这个现象使人们意识到，空气污染与生育率之间或存在相关性。

在中国进行的另一项研究发现，高污染可使不孕风险增加20%。实验分析了中国8个省的10 211对普通夫妇。参与者都是尝试怀孕一年以上而未果的。研究人员估算了每位参与者在1年、3年、5年内的PM2.5暴露量。在考虑了年龄和生活方式等因素之后，他们发现PM2.5暴露每增加10微克，不孕的风险就会增加20%。中国参与者平均暴露水平在每立方米57微克，而英国的平均暴露水平只有每立方米13微克。

空气质量差还可能降低生殖细胞的质量。另一项研究发现，暴露在空气污染中会降低精子活力，还会造成精子DNA片段化，从而导致不育和流产。最近美国对600名妇女的研究还表明，空气污染物暴露时间的增加，会致使患者卵巢内成熟卵泡的数量减少。

尽管人们可以选择戴口罩和避免高污染出行等方式来减少与有害空气的接触，但受制于经济条件、工作种类等因素，让所有人都采取措施并不现实。从根源上解决空气污染问题才是重中之重。

23

吸口空气都长胖原来是真的！

每逢佳节胖三斤，一年更比一年沉。每当你以为现在的体重就是极限的时候，第二天秤上的数字总是能啪啪打脸。但若是把那二两肉归结于量体重时多穿的一双袜子，瞬间心里负担就小了不少。不过嘛，现在我们又有了一个新的理由——多“吸”了几口气。

美国科罗拉多大学阿尔德雷特教授团队的最新研究表明，肮脏的空气通过呼吸进入体内会对肠道菌群产生严重危害，从而使罹患肥胖、糖尿病、胃肠道疾病和其他慢性疾病的风险大大提高。

研究团队收集了南加州 101 位年轻人的粪便样本，并使用尖端的全基因组测技术进行分析，结合受试者所在区域附近空气监测站的数据，分析受试者们过去一年中在臭氧、悬浮颗粒物和亚硝酸盐等物质的暴露量。结果显示，臭氧对肠道微生物改变的影响最大，远甚于性别、种族甚至饮食的差异。不但如此，臭氧暴露量和肠道菌群的多样性成负相关性，即在臭氧中暴露越多，肠道菌群的多样性越低。

吸入一口污染物可能没什么感觉，但你的身体会“警铃大作”，让系统超负荷运作以对抗它们。影响代谢功能的主要污染物是直径小于 0.1 微米的细颗粒或 PM2.5 的超细颗粒。呼吸时，污染物会持续刺激肺泡，使肺部壁层产生种种压力反应，包括释放出降低胰岛素效力的激素，从而让身体无法有效调控血糖水平。此外，污染物会导致人体中充满被称为“细胞因子”的炎症分子，从而触发免疫细胞侵入健康组织，干扰控制食欲的荷尔蒙和大脑处理过程——这会使人一直感到饥饿。这些都会使人体能量失衡，导致复杂的代谢紊乱症候群，包括糖尿病和肥胖症，以及高血压等心血管疾病。伯克利大学的研究人员发现，空气污染暴露可能导致体重指数（BMI）增长 13.6%。

哥伦比亚大学的安德鲁·伦德尔研究了在布朗克斯区长大的孩子。在受污染地区成长的儿童与较清洁社区的孩子相比，污染最严重地区出生的孩子肥胖率增高了 230%。

fat

减肥已经是世纪难题，现在更是成了“会呼吸的痛”。这下，家中又多了一个购置空气净化设备的理由了。不过，热量代谢依然是个综合问题，从细节做起，健康的饮食和生活习惯仍是控制体重成功的关键。

24
塑料早已完成了人体入侵

2019 年的 3 月，意大利撒丁岛海滩被冲上一头长达 8 米的雌性抹香鲸尸体。将其解剖后，人们在鲸腹中发现多达 44 斤的塑料垃圾，它们已经占据了抹香鲸胃部的三分之二。

人类发明了塑料这个“永生”材料，却没想好怎么安排它们的“退休生活”。只有少部分废弃塑料能够被妥善安置。更多的白色垃圾随着风或水，如幽灵般各处游荡，一大部分都会通过下水道流向大海。海中的塑料很少会被生物分解，但在外力作用下会变成微小碎片，因为表面粗糙，各种有毒的工业化学物质都可以“搭便车”。这些被称为微塑料的小颗粒，也有着“海洋 PM2.5”的头衔。由于它们太小，普通污染处理系统也很难将其一网打尽。

来自维也纳医科大学的研究团队发现，平均每 10 克人类粪便中会有 20 个微塑料颗粒，含量最高的是聚丙烯和聚对苯二甲酸乙二醇酯，它们是目前日用塑料制品中最常用的原材料。根据 2019 年世界自然基金会的数据，我们每人平均每周可能会入腹大约 5g 微塑料，相当于一张银行卡的重量。

对于这些难缠的小颗粒，我们的身体可以通过尿液、胆汁、粪便和身体其他功能清除掉 90% 以上，但有研究表明，某些特殊特征的塑料可以跨过细胞（例如 M 细胞或树突状细胞）从气管或肠道进入循环系统或淋巴系统，扩散到其他器官并形成堆积。纳米级的小尺寸颗粒意味着极强的穿透力，对身体形成双重攻击——物理损坏器官后再渗出有害化学物质，进而导致组织发炎，细胞增殖和坏死，并有可能危害免疫细胞，影响我们的免疫力和生殖发育功能等。

目前，世界范围内已经开始提倡使用可降解塑料袋，而塑料的重要发展趋势是增加其可回收性。为了有朝一日，我们与抹香鲸都可以放心地大快朵颐，请从现在开始多使用环保材料吧。

25

对玩具喜新厌旧？买呗，旧的可能有毒

给小朋友挑选玩具时，安全性总是第一位，毕竟放入口中“尝一尝”是孩子们最初认识世界的一大手段。而色泽亮丽、耐用实惠的塑料玩具通常是许多家庭的首选，即便成色泛旧也不影响使用。有谁小时候没玩过哥哥姐姐“传承”下来的玩具小汽车呢？

但普利茅斯大学的特纳博士及其团队研究发现，这些二手塑料玩具中会出现高浓度的有害元素，包括锑、钡、溴、镉、铬、铅和硒，特别是红色、黄色、黑色玩具中。这些有毒元素长时间接触会侵害我们的人体。儿童代谢速度比成人快，器官与组织的生长也更快，所以他们的身体特别容易受到这些化学物质的影响，这些元素会对儿童有长期轻度的毒性危害。

特纳博士团队分析了在英格兰西南部的家庭、托儿所和慈善商店中找到的200种旧塑料玩具。这些玩具包括火车、汽车、拼图、塑料小人等，它们的大小和形状都较容易被儿童放入口中。在进一步的测试中，玩具引入稀盐酸模拟胃部反应时，一些玩具释放出大量的溴、镉或铅。这些量远超出欧洲玩具安全法规定所允许的标准数倍。

小巧又颜色艳丽的旧塑料玩具潜藏着如此巨大的安全隐患，周末幼儿园组织的旧玩具置换活动，如此看起来简直像一场有害物质交易会。虽然旧玩具很便宜，但为了小朋友的安全着想，该花钱还是得花钱啊。

26

牛仔裤鱼汤？北极熊都说 No

牛仔裤作为时尚界的宠儿一直倍受大家青睐，耐穿又百搭的设计让人忍不住总想多购入两条。但你知道吗，不仅牛仔裤生产工序中的化学废料容易造成环境污染，洗衣机中裤子脱落的纤维也很可能正在替你看“世界的风景”。

根据一项新的研究，蓝色牛仔裤每洗一次就可能掉落 56 000 根微纤维，并且新的牛仔裤与旧的相比，容易脱落更多的纤维。牛仔裤是洗干净了，但这盆“纤维汤”会随废水流入海洋。虽然牛仔裤布料的原料可能是天然棉，但经过加工后会携带大量的合成物质，很难在水中溶解。这些微纤维会展开“长途旅行”，随洋流或风行进数百乃至数千英里，到达像北极这样的原始栖息地。那些看似人迹罕至的地方，可能早已被人类制造出的纤维大军所入侵。

海洋生物学家阿比盖尔·巴罗斯一直在研究海洋中的超细纤维污染，他和其他科学家与志愿者一起在哈德逊河附近提取了成百上千个水样，过滤后发现每升水都包含有微纤维。也许这听着也没什么大不了的，但换算下来，整个哈德逊河流每天都会向大西洋倾倒3亿根人造纤维！

多伦多大学的米莉亚姆·戴蒙德和她的同事对加拿大从多伦多到北极的区域进行了水样采集，在这些水样中都找到了蓝色牛仔裤纤维。甚至在1 500米的水下，都有纤维的存在。

或许，牛仔裤确实不需要洗得太勤，又想买新的时也不妨多考虑一下旧的还能不能继续穿。毕竟，鱼汤里加点牛仔纤维，人类不喜欢，北极熊也不会喜欢。

27

水果越变越甜美，吃它的人却笑不出来

过度摄糖对健康的危害性深入人心。即便如此，大多数现代人的糖分摄入量都超出日常所需。在美国，平均每人每天会摄入17茶匙糖，而美国心脏协会的建议则是女性每人每天不超过6茶匙，男性不超过9茶匙。

一瓶330毫升的可乐“快乐水”中含有大约9茶匙没有任何营养价值的糖。超市中的苹果虽然会给人体补充维生素、矿物质和膳食纤维，但也会给身体增加代谢糖的负担。现代农业选择性培育的水果，含糖量大幅度提高。古人吃的苹果，很有可能并不比现在的胡萝卜甜多少。

糖份升高了，伴随而来的另一个坏消息是水果的营养价值却下降了，甚至远低于几十年前。美国得克萨斯大学生物化学家唐纳德戴维斯团队比对研究了美国农业部1950年和1999

肥料

年的 43 种不同蔬菜和水果的营养数据，发现几乎每种果蔬的营养价值都大幅下降。另一项研究证明，我们若要获取祖父母辈一个橙子的维生素 A 含量，需要当下吃 8 个橙子才能达标。

现代农业让作物更高产抗虫，生长周期也大幅缩短。但不得不承认的一点是，过于追求量的同时导致了质的急速下降。作物“急功近利”地从土壤中疯狂汲取养分时，我们也只能为日益贫瘠的土壤环境施施肥，让作物吃一些“垃圾食品”。

28

古人一泡尿　方便后来人

从狩猎采集到农耕放牧的转变，被认为是人类历史上的一个重要转折点。这场从公元前 10 000 年左右开始的新石器时代革命，带来了集约化食品生产，使城市得以发展，引发技术创新，并最终使人类今天的生活成为可能。但这一切到底是如何以及何时发生的？还存在很多疑问值得研究。

发表在《科学进展》期刊上的一项新研究，利用一种不寻常的手段，解答了土耳其一处古代遗址中早期人类对动物进行驯化时的规模和速度如何变化的问题，那就是分析人类和动物留下的尿盐。

大约一万年前，有一群狩猎者在土耳其中部定居，并待了千年。直到现在，当时房屋的遗迹依然能被找到。考古学家们根据遗址绘制出了小巷的轮廓，并在古老的石膏地板下发现了完整的骨骼。

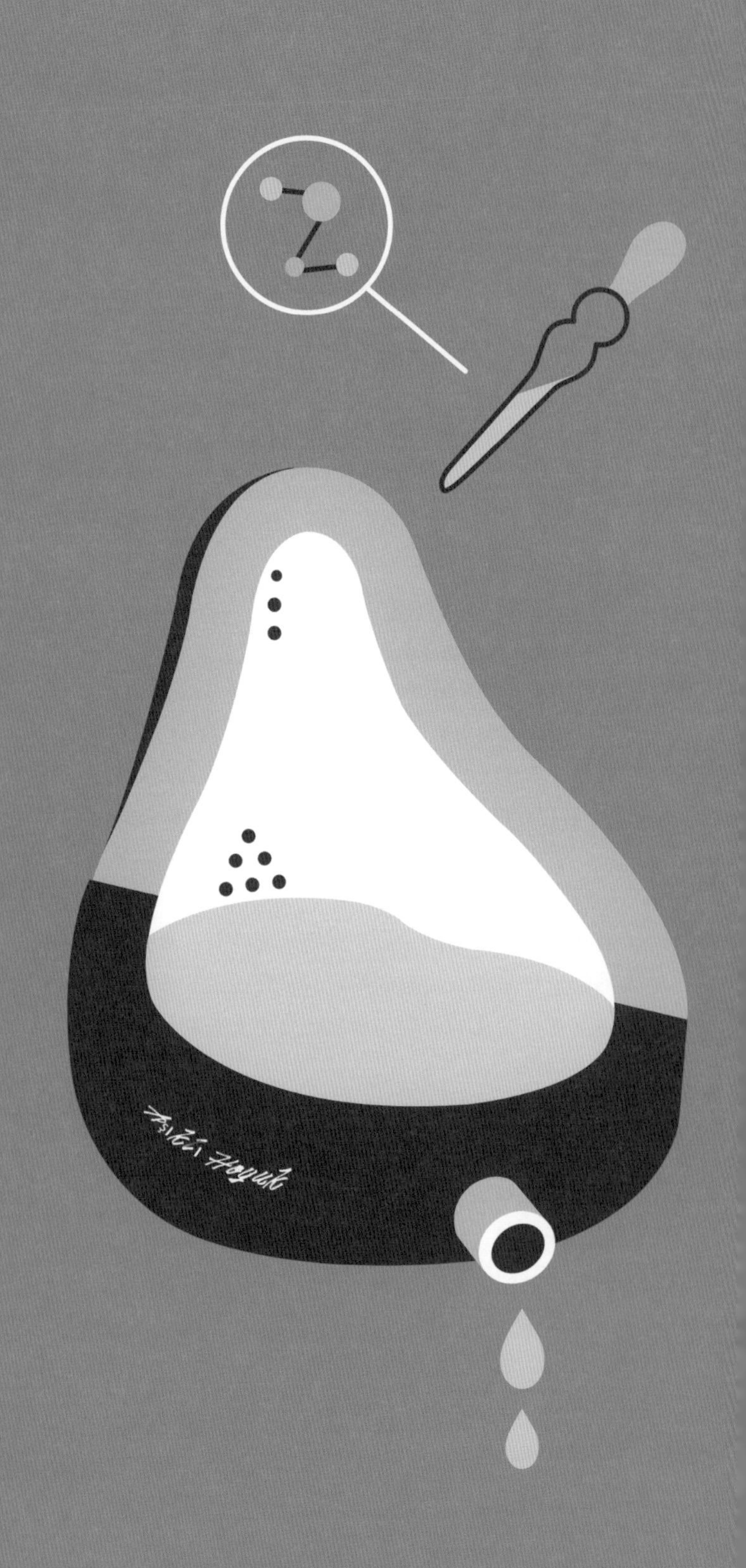

中东新月沃土地区长期以来都非常干燥，在这样的条件下，人类和动物们排泄所遗留下来的盐分不会被冲刷掉。通过和图利桑那大学以及伊斯坦布尔大学的科学家合作，考古学家从废墟中的砖块和壁炉搜集来了 113 个样本，确保它们来自不同的土层，之后对其中的钠、硝酸盐和氯盐含量进行检测。也许让古人没想到的是，当年随地小便的地点，如今竟成了重现文明的重要资料库。

遗迹的动物骨头和粪便表明，这里的居住者是世界上最早驯化绵羊和山羊的族群之一。他们在家附近标记了野生有角动物，还学会选育年轻的雄性来高效扩大其种族的规模，放在今天看依然是极有智慧的方式。

29
头发——你的人生档案库

如果你是侦探小说迷，一定不会对《血字的研究》感到陌生。福尔摩斯通过现场留下的一系列蛛丝马迹，推断出凶手的身体状况与社会地位，最终破案。虽然不见得人人都有大侦探那样超高的现场洞察力，但科技手段能够助现代刑侦调查一臂之力——比如，分析头发的同位素。

主要成分为氨基酸的头发纤维能够“记住”人吃了什么类型的食物。食物中的氮和碳存在着有不同质量的同位素，其占比取决于食物来源。当食物在体内分解为氨基酸时，碳和氮同位素会渗透到整个身体，包括头发。从同位素的比例中可以获取各种信息。例如，水中所含的氧同位素的比例因地区而异。2008 年，犹他大学一个研究小组发表的研究表明，头发中水源同位素的比例可用于追踪人的出行地点。

研究小组发现不同类型的光合作用会为植物带来不同的同位素比值，并从美国65个城市的理发店和发廊收集来700个随机头发样本，进一步调查后发现，头发的碳同位素比与理发师的价格相关。在社会经济状况相对低的地区，用于饲养牲畜的饲料主要为玉米，而玉米和甘蔗被称为C4植物，它们与豆类蔬菜等C3植物以不同的路径进行光合作用。我们摄入的动物蛋白中同位素与牲畜所食饲料的接近。因此，食用玉米饲料饲养出的牲畜，构成头发的氨基酸的同位素比与玉米的就会相同，进而可以从头发上了解人的饮食习惯，并分析其经济状况。更深入的研究还发现了同位素比例和肥胖率之间的关联，这一结果也证明了头发信息或具备评估社区饮食和健康风险的潜力。

头发记录着一个人的命运。无论成长、旅行还是放逐，它都是人类忠实的陪伴者与见证者。

30

我们能在死后变成肥料吗?

你想过百年之后如何处理自己的遗骸吗?如果你是一个环保主义者，应该不太想被埋葬或火化，毕竟这两种方式对环境的污染都不小。现在，我们已经有了其他选择。2019 年的 5 月，美国华盛顿率先通过了人类堆肥合法化。从 2020 年 5 月开始，人们可以选择将遗骸“重组”转化成富含营养的土壤。逝者亲属可以将这些土壤带回家中使用。这个方法值得世界上其他地区效仿。

这项技术将木屑、苜蓿和稻草制成的碳和氮混合物放入专用容器中，把尸体置于其中覆盖，启用风扇系统保证足够的氧气进入容器，让微生物充分分解包括牙齿和骨骼在内的各种器官组织。只需一个月，尸体就能变成新鲜堆肥。这可是太有效率了！要知道，普通的自然降解需要数月甚至数年才能完成。

据美国殡葬业协会统计，举办一场传统葬礼平均会花费 7 000 美元，而选择这种堆肥方式的葬礼则只需要 5 500 美元左右，是既环保又省钱的新选择。

这种葬法不仅无需使用有毒的防腐液，由此制造出的营养土壤还可以供在世的亲人使用。华盛顿的火化率是 76%，化石燃料的燃烧会排出大量的二氧化碳，而人类堆肥技术可以节省 1 吨二氧化碳 / 人次。2018 年华盛顿州立大学研究员林恩·卡朋特 - 博格斯所领导的研究小组就已经成功重组了 6 具捐赠的遗体。在“重组”过程中，通常没有任何有害病原体能够存活，但唯一不适用人类堆肥技术的是生前患有罕见神经退行性病毒疾病以及烈性传染病（如埃博拉病毒）的患者。

除了人类堆肥，另外一种无焰的丧葬选择——水葬——也值得推广。即利用特殊设备将浸泡在碱性溶液中的遗体高温溶解处理，有时也将其称为“生物火葬”。

当身体落叶归根，可以化作春泥继续滋养着这个世界的树木花草。这何尝不是一种浪漫？

31
不粘锅都有了，不粘马桶还会远吗？

虽然不想承认，但每次大便后，总要忍不住回头看一眼，目送着排泄物被水流带走才安心。无奈其中常有一些“依依不舍”地死死扒住马桶壁，疯狂按冲水键也无济于事。再光滑的陶瓷、再强劲的冲刷力都不足以对抗那些顽固的黏糊糊。

据统计，全世界每天会有 1 410 亿升淡水从马桶内冲走，这几乎是非洲所有人口 6 天的用水量。为了对付这些难缠的残留物，人们除了反复冲水似乎没有任何其他好办法，在缺水地区这么做则更为奢侈。为了改善这个问题，科学家们也在不断地刻苦钻研。

2019 年，美国宾夕法尼亚州立大学黄德成教授的团队开发了一种新型光滑涂层。将这种喷雾剂喷在马桶内壁上，冲走各类污物的耗水量有望下降 50%~90%，且能有效抑制细菌与污染物附着。

这个厕所新帮手的名字叫“液润滑面”（Liquid-entrenched Smooth Surface，简称 LESS），它的生物学灵感来自肉食性猪笼草——多毛的内壁结构一遇到水就变得滑溜溜，让落入的昆虫无法逃出生天。LESS 的起效过程同样分为两步。首先由分子接枝聚合物制成的喷雾在马桶内壁喷涂，等干燥后，涂层中会产生类似小毛发的微观结构，直径约为人类发丝的 100 万分之一。第二步则需在涂层上加喷薄薄的硅油润滑剂填补缝隙，从而形成一个超滑表面。整个过程不到 5 分钟就可以完成，并且涂层的效果可以维持 500 次冲水，还能有效抑制细菌附着，特别是致病菌以及导致难闻气味的那些细菌。

不过，当大量的 LESS 涂层物质通过下水道进入环境时，会对自然造成何种长远影响还有待进一步的研究。研究团队正在着手优化这一产品。相信不久的将来，就可以用更少的水送这些可恶的粘粘物“激流勇进”了。该技术原理同样可用于其他的自洁产品，及帮助瓶装化工产品（如护肤品）更易挤出等。

最后，同为“不粘”，不粘马桶和不粘锅相比性能如何？科学家们早已想到了这一点，并采用模拟粪便以及志愿者提供的真实粪便进行了实验，结论是 LESS 的顺滑度不仅轻松击败普通玻璃、陶瓷等材料，还完胜不粘锅的涂层材料特氟龙。

32

想在月球买房吗？让宇航员多排尿

小时候总是幻想什么时候能搬到月球上和嫦娥姐姐做邻居，长大之后才发现要建一座广寒宫有多么艰难。建筑材料不仅要承受极大的月球昼夜温差变化，还要具备良好的隔热功能；另外，没有大气层保护的建筑要抵挡住月表遭受的大量辐射，及随时可能突袭的太空岩石雨。还有一个棘手难题，地月间高昂的材料运输费。“月球快递”可不便宜——从地球运输到太空 0.45 kg 物资，成本大约为 10 000 美金！所以，太空机构正在努力研究如何在月球就地取材，物尽其用，甚至……连宇航员的尿液都不放过。

3D 打印技术非常适合月球建造，但层层叠接的工序要求材料必须具备足够的柔韧性。在地球上我们只需要额外加水，但月球上可不行：大量的用水会提高月球水循环利用系统的复杂性，并且成本会非常高。

由挪威、荷兰、西班牙、意大利科学家组

成的科研小组，最近在《清洁生产期刊》上提出了一个解决方案：宇航员尿液中的尿素是良好的增塑剂，能够加固建筑材料，有望降低月球建筑搭建成本。他们向特性与月球风化层相似的合成材料中分批次加入尿素、聚羧酸盐和萘基超级增塑剂，用3D打印机构建混合材料的圆柱体，并同一个不含任何增塑剂的圆柱体进行比较。结果证实，与对照混合物相比，掺入3%的尿素会延迟材料的初始和最终凝固时间，有助于在泵送材料过程中维持其流动，并防止材料过硬。

不过这些研究还只是初步结果，需要进一步测试来验证现实中的可行性。这些聚合物在月球上将面临严酷的真空环境，也可能会因挥发性成分蒸发使材料裂开，打印难度比在正常大气中高许多；而抵抗陨石轰击并屏蔽高水平辐射的能力，也尚待更多评估。真想和嫦娥姐姐做邻居的话，可能还需要等待一段时间吧。

NO.1

33

沙尘环境让星球更宜居

在科幻小说《沙丘》中，厄拉科斯是一个遍地沙砾的沙漠星球。这种生态环境看似严酷而难以生存，实际却可能对生命的产生有独特的作用。2020 年《自然通讯》刊登的一篇论文中，来自英国埃克塞特大学、英国气象局和英国东英吉利大学的团队证明了在生命形成过程中沙尘的重要作用。

他们发现，在太空中具有大量沙尘的行星，宜居带可能更大。宜居星球通常需要具备的条件是不太热（这样地表水不会完全蒸发），也不太冷（这样地表水不至于都冻结）。而沙尘可以使炎热的白昼变得凉爽，寒冷的黑夜变得温暖，让宜居带浮动的区间变得更宽。

这项研究主要考查了被红矮星潮汐力锁定的一种行星，因为它们的同一侧始终面向恒星，昼夜恒定。英国气象局和埃克塞特大学的天体物理学家伊恩包特尔阐明："在地球和火星上，沙尘暴对地表同时具有冷却、变暖双功效，通常更胜一筹的是冷却作用。"但对于这些被潮汐锁定的行星，沙尘的影响却有不同：在行星的白昼面，沙尘冷却作用更大；在阴暗面则是变暖效用更大。从而缓和地表极端温度，提高了整体的宜居性。此外，在离主恒星更近的系外行星上，沙尘的存在会形成一个反馈循环，从而使本可能因高温而迅速蒸发的水分延缓流失。

人们一度认为岩石行星最有可能藏匿生命，现在看来，沙尘星球也应该列入考虑。不过，尘土的遮蔽可能会掩盖一些关键的生物标志物，如水蒸气和氧气，这也是难点所在。

研究强调说，矿物粉尘是气候系统的重要组成部分，只有通过跨学科合作，更加了解星球气候的运作机制，才有可能在寻找系外生命的手段上实现突破。

参考文献

01

Moriel Zelikowsky, et al. The neuropeptide Tac2 controls a distributed brain state induced by chronic social isolation stress. Cell, 2018.

02

Danielle L Beatty Moody, et al. Everyday discrimination prospectively predicts blood pressure across 10 years in racially/ethnically diverse midlife women: Study of women's health across the nation. Annals of Behavioral Medicine,2018.

03

Jennifer Bartz, et al. Shaping the body politic: Mass media fat-shaming affects implicit an-ti-fat attitudes. Personality and Social Psychology Bulletin, 2019.

04

Hannes Rosenbusch. Multilevel emotion transfer on YouTube: Disentangling the effects of emotional contagion and homophily on video audiences. Social Psychological and Personality Science, 2019.

Lee Daniel Kravetz. Strange contagion: Inside the surprising science of infectious behav-iors and viral emotions and what they tell us about ourselves. Harper Wave, 2017.

05

Samira Shackle. Violent crime is like infectious disease – and we know how to stop it spreading. Mosaic, 2019.

Gary Slutkin. Let 's treat violence like a contagious disease[Video]. TED Conferences, 2013.

06

Kyle, Twitter post. Jan 27, 2020, 4.37 p.m., https://twitter.com/KylePlantEmoji/sta-tus/1221713792913965061.

Ryan Langdon. Today I learned that not everyone has an internal monologue and it has ruined my day. Inside my mind, 2020.

Russell T. Hurlburt. Investigating pristine inner experience: Moments of truth. Cambridge University Press, 2011.

07

Nicolas Davidenko, et al. The upper eye bias: Rotated faces draw fixations to the upper eye. Perception, 2018.

08

Haeme R P Park, et al. Neural correlates of creativity in schizotypy. Neuropsychologia, 2015.

Daisy Fancourt, et al. What is the evidence on the role of the arts in improving health and well-being?. 2019.

09

Natasha L Mason, et al. Sub-Acute effects of psilocybin on empathy, creative thinking, and subjective well-being. Journal of Psychoactive Drugs, 2018.

10

Yosuke Osuka, et al. Exercise type and activities of daily living disability in older women:An 8-year population-based cohort study. Scandinavian Journal of Medicine & Science in Sports,2018.

一拍oneshoot, 日本大妈:广场舞让我在中国找到了归属感[Video].bilibili, 2017.

11

Rebecca J Krause, et al. Can bad be good? The attraction of a darker self. Psychological Science, 2020.

12

Özge Longwill. Can humans multitask? Medium, 2019. https://medium.com/@ozgel/can-humans-multitask-bd0408b938b.

Matthew A Killingsworth, et al. A Wandering mind is an unhappy mind. Science, 2010.

Angela L Duckworth, et al. A stitch in time: Strategic self-control in high school and college students. Journal of Educational Psychology, 2016.

Michael D Mrazek, et al. Mindfulness training

improves working memory capacity and GRE performance while reducing mind wandering. Psychological Science, 2013.

Judson Brewer. The craving mind[Video]. Youtube,2017.

Alexander Bick, et al. Work from home after the COVID-19 outbreak. Federal Reserve Bank of Dallas, 2020.

13

Carolyn E Jones, et al. Early-life sleep disruption increases parvalbumin in primary somatosensory cortex and impairs social bonding in prairie voles. Science Advances, 2019.

14

Li Guo, et al. Knowledge of objects' physical properties implicitly guides attention during visual search. 2020.

15

Jonathan Okerblom, et al. Human-like Cmah inactivation in mice increases running endurance and decreases muscle fatigability: implications for human evolution.Royal Society, 2018.

16

David Raichlen. Sitting, squatting, and the evolutionary biology of human inactivity. PNAS, 2020.

17

Augustine Kong, et al. Selection against variants in the genome associated with educational attainment. PNAS, 2017.

18

Val Curtis, et al. The structure and function of pathogen disgust. Royal Society, 2018.

19

Karen Wu, et al. No need for pedestals: Idealization does not predict better relationships among Asians. Personal Relationships, 2020.

20

Myroslava Protsiv, et al. Decreasing human body temperature in the United States since the Industrial Revolution. eLife, 2020.

21

Xin Zhang, et al. The impact of exposure to air pollution on cognitive performance. PNAS, 2018.

N. C. Woodward, et al. Traffic-related air pollution impact on mouse brain accelerates myelin and neuritic aging changes with specificity for CA1 neurons. ELSEVIER, 2017.

L. Fonken, et. al, Air pollution impairs cognition, provokes depressive-like behaviors and alters hippocampal cytokine expression and morphology. Molecular Psychiatry, http://dx.doi.org/10.1038/mp.2011.76, 2011.

22

Arnold D.Bergstra, et al. The influence of industry-related air pollution on birth outcomes in an industrialized area. ELSEVIER, 2021.

23

Farnaz Fouladic. Air pollution exposure is associated with the gut microbiome as revealed by shotgun metagenomic sequencing. ELSEVIER, 2020.

24

FermínPérez-Guevara, et al. Critical review on microplastics in fecal matter: Research progress, analytical methods and future outlook. ELSEVIER, 2021.

25

Andrew Turner, et al. Concentrations and migratabilities of hazardous elements in sec- ondhand children's plastic toys. Environmen- tal Science & Technology, 2018.

26

Samantha N. Athey, et al. The widespread environmental footprint of indigo denim microfibers from blue jeans. Environmental Science & Technology Letters,2020.

Lucy C. Woodall, et al. The deep sea is a major sink for microplastic debris. ROYAL SOCIETY OPEN SCIENCE,2014.